Die bibliophilen Taschenbücher

Galli/Kaufmann
Vom Charme der alten Warenwelt

SKIZZENBLOCK
Panto-Graph

Max Galli

Vom Charme der alten Warenwelt

Mit einem Essay
von
Gerhard Kaufmann

Harenberg Edition

Das Frontispiz zeigt Herrn und Frau Wilhelm
vor ihrem Papierwarengeschäft in Freiburg/Breisgau

Harenberg Edition
Die bibliophilen Taschenbücher 668

Gesamtherstellung Druckerei Hitzegrad, Dortmund
Printed in Germany

Aus den Dingen schwindet die Wärme.
Die Gegenstände des täglichen Gebrauchs
stoßen den Menschen sacht aber beharrlich von sich ab . . .
Ihre Kälte muß er mit der eigenen Wärme ausgleichen,
um nicht an ihnen zu erstarren.

WALTER BENJAMIN

Colonialwaren
Spezialitäten
Wilhelm Holtorf
in Bremen

Gewürz-Haus
Altstadt
in Düsseldorf

Schlag:
ABB
ABB

Natu
...nimm Walsrode
Wir führen
das gesamte Program
Ganz groß auch in den großen Kalibern
Für jede Wurst die richtige Hülle ...nimm
WALSRODER
Walsroder Fplus braun
Grillge
Siede Speise Salz

Gewürze, Därme,
Metzgereibedarf
Hugo Sauerburger
in Freiburg/Breisgau

Hafermehl
Leberwurst

Brot und Wein
Oscar Zahn
in Stuttgart

RUBIN
STEINÖL
KALTREINIGER
G400
Parkett-
reiniger
RUBINA
Hartwachs
flüssig
Sidol
tuba
flüssig
Dauer
Appretur
Flecken-
salz
abrazo
ako

Feinbürsten
und Parfümerie
Heinrich Nickels
in Bamberg

RAD. SYMPHYTI
RADIX URTICAE
ALOE FOL. HENNAE
HERBA LYCOPODII
FOLIA OLIVAE
SEMEN GRAMINIS
HERBA EPILOBII ANG.
FLOR. ARNICAE
FLOR GRAMINIS
FLOR. PRIMULAE
HERBA ASPERULAE
HERBA CAPILLI VEN.
HERBA EUPHRASIAE
STRAMENTUM ARVENSE
HERBA PATSCHULY
HERBA PULMONARIAE
FLOS. PRUNI SPINOSAE
HERBA VERONICAE
SEMEN CUCURBITAE
STIGMATA MAIDIS
HERBA VERBENAE
STROBILI LUPULI
FRUCT. MYRTILLI
CORTEX SALICIS
CORTEX FRANGULAE
EINFACH KLEBESTREIFEN LOSEN

Fotohandlung
Kopp-Drogerie
Johann Hutterer
in Wien

Treets

Obst und Gemüse
Konserven
und Getränke
Hans-Dietrich Wolter
in Hamburg

Lebensmittel
Hugo Reichenbach
in Holzminden

Kaffee
fewa
Perwoll
1x6
Diamant
Grieß
Gustin
1x4
102
Nesquik
Birkel
Sago
Trauben-
zucker
Rote Grütze
Götterspeise
Coca-Cola
HARIBO
POTT

Dimple
HAIG
HAIG
CAMPARI
25,80
42,95
40,45
31,70
36,50
39,55
38,95
18,95
28,95
5,95
5,95
5,95
6,95
5,85
6,50
5,20
3,95
4,25
6,90
9,70
6,80
3,95
6,95
1395
3,75
3,85
3,80
4,95
4,95
2,95
3,65
3,25
Lasagne
7Cannelloni
Gänseschmalz
LASAGNE
LA CHINOISE
500 g
11,95
6,95
6,95
6,95
50 ta
CAPRICE
SUPREME
60
vosges crème
BOURSAULT
60
vosges crème
Fondue
Exeter
Exeter
Saint Benoît
Gourmandise
Gourmandise
Saint Benoît
Gourmandise
Gourmandise

Lebensmittel-Feinkost
L. Grünewald
in Trier

Trident
So knusprig kann ein Jubiläum sein.
Ladenschluss
Samstag
16.00 Uhr

Bäckerei-Konditorei
Ottilie Mägerli
in Bern

Café Schulze
in Sils-Maria/
Engadin

Hausgemachte
Nusstorten
Guets Brot.
Wer druuf lueget, lueget druuf:
Ihre Bäckerei.
Abwechslung macht das Essen schön!
Mein Brot des Monats
Parisette
Abwechslung macht das Essen schön!
Mein Brot des Monats
Burebrot
Ihre Bäckerei.
Abwechslung macht das Essen schön!
Mein Brot des Monats
Tessinerbrot

Honig-Waetzel
in Freiburg/Breisgau

Karlsbader Oblaten
Karlsbader Oblaten
Karlsbader Oblaten
LAMBERTZ PRINTEN
2431

FISCHE

Fischgeschäft
Rosa Imig
in Traben-Trarbach

Delicatessen-
Fachgeschäft
Arnold Weidemann
in Hamburg

Fleischleber-Rotwurst
2,60
Kraftfleisch
100g 2,60

BAKO
Brandt
Stipp- und Suppen-Zwieback
THOMY
Meisterbrief
Nacht & Tag
Wunder Mild
JACOBS
JACOBS
JACOBS
Krönung
Teefix
mit Citrone
VIVIL
VELEMINT
0 25
0 40
0 60

Bäckerei
Liebenstein
in Vogtsburg-
Oberrotweil

Neptun-Drogerie
Bärbel Gageik
in Berlin-Prenzlauer
Berg

duft
PEPSI
EXTRADENT
NOVUM

WEINESSIG
TAFEL-ESSIG

Konsum-
Genossenschaft
in Berlin-Prenzlauer
Berg

CHARD
Himbeeren 100g 1.15
Zitronen 100 g 1.25
Sorella 100g 1.50

Brot und Wein
Oscar Zahn
in Stuttgart

Colonialwaren
Spezialitäten
Wilhelm Holtorf
in Bremen

CHOCOLAT
SUCHARD
Melitta-Filter
für gute Kaffee-Zubereitung!
Frisch gerösteter
Coffeinfrei 250 gr. 520
Mocca-rein 250 gr. 480
Italienische Röstung 250 gr. 460
Züri-Kafi 250 gr. 4.40
Brasil-Santos 250 gr. 4.80
„FUCHS" TAFELBUTTER
EINGESOTTENE BUTTER
SPEISE-MARGARINE
„NUSSA"

Kaffee und
Kolonialwaren
Schwarzenbach
in Zürich

Zigarren Epple
in Waldkirch/
Schwarzwald

100 West-
Filterhülsen
Paroli
VIVIL
VIVIL
duplo
er tropische Regenwald
n Überlebenskampf
AMPHORA
AMPHORA
GEO
DOUWE
EGBERTS
DRUM
half zware shag
TOBAJARA
BRASIL
SUMATRA
NEU:
»West 100‹
«Brissago» Originale...

LEITZ
LEITZ
LEITZ
LEITZ
LEITZ
LEITZ
LEITZ
LEITZ

Frau Epple
bei der Buchführung

Fotohandlung
Kopp-Drogerie
Johann Hutterer
in Wien

Eine Spezialität von EDEN
L(+)-Milchsäure: das Plus für Ihre Gesundheit.
EDEN
Quinola

Wäscherei
Lilly Leitz-Rapp
in Rottweil

Leitz-Rapp

Tee-Manger
in Basel

Nr 6

Kurz- und
Wollwaren
Jacob Hoffmann
in Trier

Freizeit-
Pulloverzeit
...und
wunderbar
warm
dralon
Boutique
MEZ

Haushaltswaren
Ida Hertenstein
in Eichstetten
am Kaiserstuhl

WECK-Rundrand-Glas 100
1/2 Liter Tulpen-Form
Rundrand-Glas 100
1/2 Liter Tulpen-Form
Rundrand-Glas 100
1/2 Liter Tulpen-Form
Rundrand-Glas 100

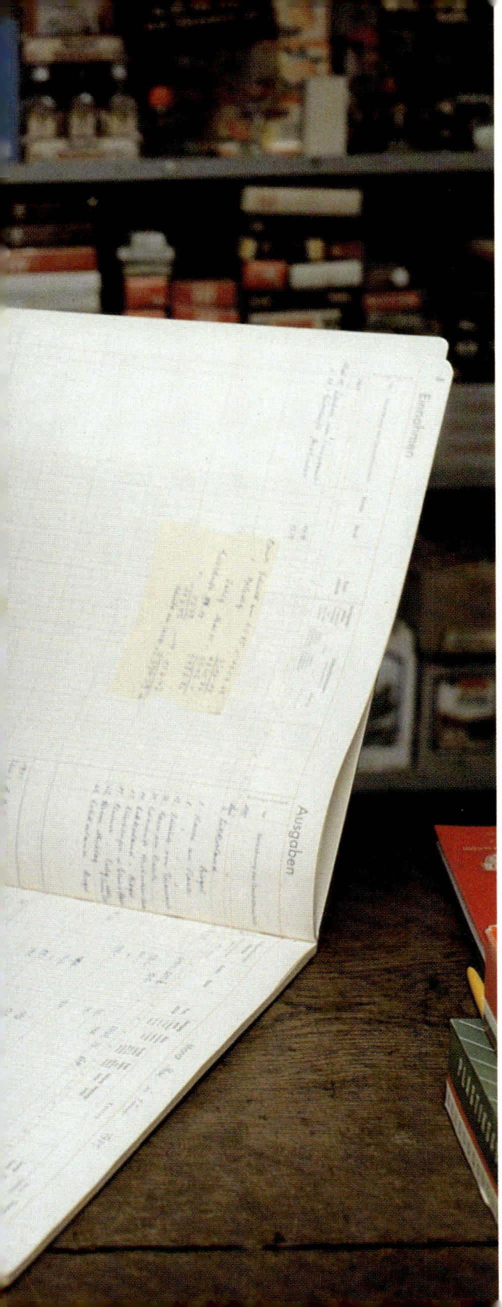

Ida Hertenstein
beim Prüfen
der Bücher

hanuta
VIVIL
Orbit
Orbit
kinder
Milka

Obst, Gemüse,
Molkereiprodukte
Fam. Hochwelker
in Freiburg/Breisgau

Fasching
TRINKHALME
Samarin
GUM
JON
QUITTIN
OPEKTA
AQUA
ROSAR.
AQUA
BORATA
AQUA
BIDEST.
SPIR.
GALLIC.
SPIRIT.
SACCHARI
SPIRIT.
VINI 96°
SPIRIT.
SACCH. + JAM.
ANSATZ
BRANNTWEIN

Fotohandlung
Kopp-Drogerie
Johann Hutterer
in Wien

Stadtapotheke
in Endingen
am Kaiserstuhl

Einhorn-Apotheke
in Gelnhausen

Kinder
Punkt

Drogerie
Hans Rodenkirchen
in Berlin-Köpenick

Weinhandlung
J. W. Wolff
in Leer

Handschuhe und
Lederbekleidung
Gottfried Augustin
in Wien

Ihr alter
Damen u. Herren-
Hut
wird wieder wie neu
gereinigt, geformt.
Auf Wunsch neue Zutaten.
ſämtliche
Umarbeitungen
in eigener Werkstatt!

Hutmachermeister
Heinrich Marmann
in Hamburg

Glaserei
Karl Kirschenhofer
in Wien

Knopf Paul
in Berlin-Schöneberg

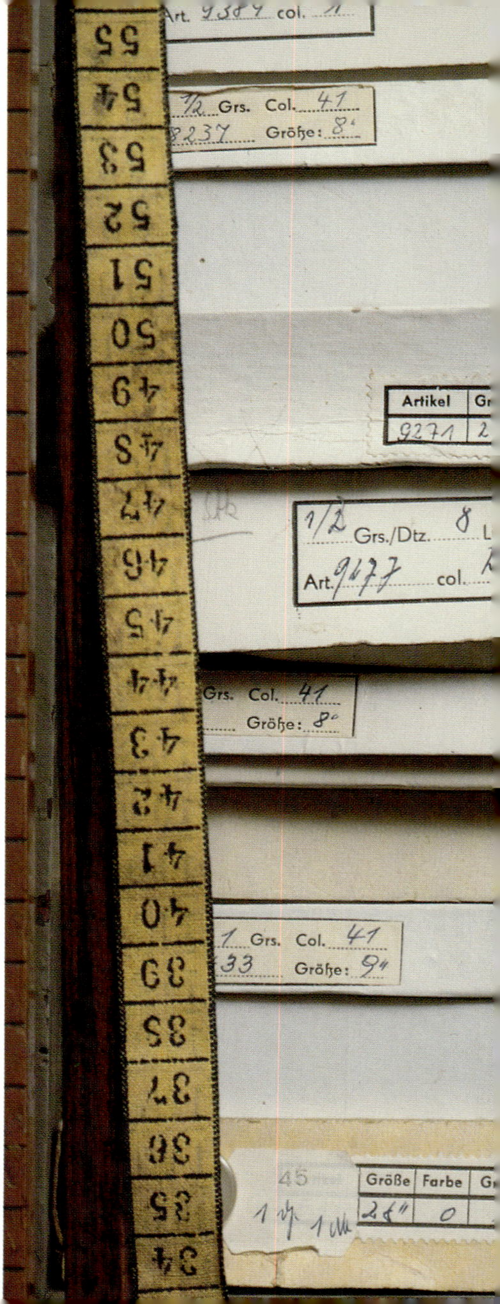

Knopf-Sortiment
für alle
Gelegenheiten

Art. Gr. Farbe Gros
1/2 GRS. 6 LIN.
ART. 8463 COL. 2
JK
Farbe 431 Gros 1
Gros
Menge: 1 Grs. Col. 41
Nr. 433 Größe: 6'
Menge: 1 Grs. Col. 41
Nr. 433 Größe: 7'
Gros 1/3 Artikel Nr. 9035 Col. 1 Größe
JK
Artikel 9264 Größe 28 Farbe 238 Gros 1/2
Menge: Grs. Col.
Nr. Größe:
1/3 GRS. LIN.
ART. COL. 1

Klemann-Hüte
Günter Baumbach
in Berlin-Prenzlauer
Berg

SOLINGER
DREIZACK
Stahlwaren
Bowie Knife
Bowie Knife
Bowie Knife
Finnen MESSER
Lappland
DOLCHE

Stahlwaren
Gustav Zimmer
in Oldenburg

Leder- und
Sportartikel
Wilhelm Jäger
in Freiburg/Breisgau

Herrenfriseur
Ralf Skupin
in Hamburg

Gillette PARAT

Hut Boden
in Düsseldorf

MAYSER MAYSER
MAYSER

Woll Seidel
in Bamberg

Herren- und
Damenwäsche,
Kurz- und
Wirkwaren
Herma Matiegowski
in Wien

M5x50
WAPU
ZANGEN

Eisenwaren
Horst Zoufal
in Wien

HOLZLEIM
BINDULIN

Eisenwaren
Otto Sartori
in Endingen
am Kaiserstuhl

Im Eisenwarenladen

Schlüsselringe
Gardinenhaken
Gold
Laubsägen
Gardinen-beschläge
Pinsel
Möbelverzierungen
Stahlhaken
Nickelschraubhaken
Schneckenbohrer
Messingschraubhaken
Kastenschrauben
Bilderringe
Koffernieten
Stifthaken klein
Glasknöpfe
Schraubhaken
Ringschrauben
Halbrundfeilen
Raspeln
Vorreiber
Rundfeilen
Sturmhaken
Sturmhaken
Flachspitz-Feilen
Zirkel

Eisenwaren,
Speicherbedarf,
Werkzeuge
Wilhelm Kelle
in Hamburg

Puppenklinik
Adolf Chmelik
in Wien

zuliebe !

Augenoptiker
Klaus Kleine
in Berlin-Prenzlauer
Berg

Beim
«Alten Knopfkönig»
in Wien

FRIMMEL

ÄLTESTE KNOPF NIEDERLAGE
A. FRIMMEL ZUM ALTE
Gegründet im
Erste und älteste Wiener
Knopfniederlage
GEGRÜNDET 1844

«Zum alten Knopfkönig»
A. Frimmel
in Wien

GERHARD KAUFMANN
ALTE LÄDEN

Es gibt sie noch, die alten Läden, doch muß man sie suchen. Sie sind in den letzten Jahren immer weniger geworden, und das Sterben dieser Relikte einer langen Verkaufs- und Einkaufstradition beschleunigt sich noch weiter. Die Ladeninhaber werden älter, sie können oder mögen nicht mehr, Nachfolger finden sich nicht, die Mietkosten steigen, und so ist das Ende unabwendbar.

Max Galli hat etliche dieser Läden, ihre Inhaber, gelegentlich das Verkaufspersonal und in seltenen Fällen auch Kundschaft fotografiert, zumeist in Deutschland, einige wenige auch in Österreich und in der Schweiz. Er hat seine Reise nicht systematisch geplant, seine Fotorecherche ist also keine flächendeckende Bestandsaufnahme. Es kristallisieren sich Schwerpunkte heraus, aus denen man nicht etwa schließen darf, daß an bestimmten Orten die meisten dieser Läden noch zu finden seien und andernorts bereits moderne Norm alle alten Angebotsformen egalisiert habe. Vielmehr sind es herausgegriffene Beispiele, die sozusagen «am Wege» liegen, wie sie sich gewiß auch sonst noch finden ließen – auch dem Autor fallen sogleich Läden ein, die Max Galli nicht vor der Kamera hatte. Die gezeigten Beispiele verdeutlichen gerade in der Beliebigkeit ihrer Auswahl, um welchen historischen Prozeß es hier geht: Es verschwinden nicht die alten Läden, nicht die alten Inventarien, hier verschwindet ein Typus von Laden, der zumindest für rund 200 bis 300 Jahre die Art der Kommunikation zwischen Kaufmann oder handelndem Handwerker und Käufer bestimmt hat. Und man erkennt ein weiteres: Die meisten dieser Läden sind, allen ihnen entgegengebrachten nostalgischen Sympathien zum Trotz, unweigerlich zum Untergang verurteilt; nur wenige werden sich unter besonderen Umständen vielleicht halten können.

Die von Max Galli fotografierten Läden zeichnen sich nicht durch besonders hohes Alter aus. Die Weinhandlung Wolff im ostfriesischen Leer befindet sich zwar in einem Gebäude von spätestens 1643, doch war dies zunächst im Besitz eines Kuchenbäckers, bevor es 1800 die Weinhandlung aufnahm, und das Ladenmobiliar ist seitdem ergänzt und umgestrichen worden. Die Bäckerei Huschka in Wien ist mit einer Tradition von rund 500 Jahren zwar die älteste der Stadt, doch wuchs die Einrichtung des Ladens erst seit dem Ende des vorigen Jahrhunderts zusammen. Auch die Einhorn-Apotheke im hessischen Gelnhausen, östlich von Frankfurt, wurde zwar schon 1582 gegründet, doch datiert die Ausstattung der Offizin, des Verkaufsraums, wiederum erst vom Ende des 19. Jahrhunderts – mit späteren Ergänzungen; dasselbe gilt für das sehr schlichte Mobiliar der Drogenkammer. Etwa ein Drittel der hier vorgestellten Läden entstand noch im 19. Jahrhundert, das Mobiliar ist in vielen Fällen aber später ergänzt worden; sechs weitere kamen dann bis zum Ersten Weltkrieg hinzu. Doch aus der ersten Hälfte des 19. Jahrhunderts sind nur zwei Geschäfte dabei, das 1840 gegründete Woll- und Kurzwarengeschäft Jacob Hoffmann in Trier mit einer viel späteren, zum Teil erst nach dem Zweiten Weltkrieg ergänzten Einrichtung und das 1844 gegründete Wiener Knopfgeschäft

A. Frimmel («Zum alten Knopfkönig»), dessen Einrichtung vom Jahrhundertende datiert und offenbar bis in die 20er Jahre unseres Jahrhunderts mehrfach ergänzt wurde. Die anderen Läden entstanden bezeichnenderweise erst nach Gründung des Deutschen Reichs im Jahr 1871, durchweg mit späterer oder zumindest später ergänzter Einrichtung, und das Gros aller in diesem Buch vorgestellten Läden wurde in der Zeit zwischen beiden Weltkriegen gegründet oder eingerichtet; einige wenige stammen sogar erst aus den beiden Jahrzehnten nach dem Zweiten Weltkrieg. In jenen Jahren erhielten auch etliche ältere Geschäfte, sei es wegen der Kriegsschäden, sei es infolge des spürbaren Modernisierungsdrucks, noch neue Einrichtungen.

Das Alter der Geschäfte ist es also nicht, das nostalgische Gefühle weckt; es sind vielmehr der begrenzte Raum des Ladens, das oft in mehreren Stufen zusammengewachsene Mobiliar, zum Teil auch die darin untergebrachte Fülle des Angebots; vor allem aber ist es der Verkauf über den Ladentresen, das Bedienen des Kunden durch jemanden, der trotz der Fülle genau weiß, wo das Verlangte zu finden ist, und der sich im Augenblick des Verkaufsgesprächs allein dem einen Kunden zuwendet, ihm das Gefühl vermittelt, daß er nur für ihn Zeit habe und der Kunde bei ihm König sei. Der moderne Selbstbedienungsladen steht als neuer Typus dagegen. Er ruft ein ganz anderes Einkaufserlebnis hervor, bei dem zumindest jenen Kunden gelegentlich Sehnsucht nach dem «alten» Laden überkommt, der ihn noch kannte. Jüngere Kunden hingegen sind an den Einkauf im Selbstbedienungsladen gewöhnt und würden kaum tauschen mögen.

Gehandelt wird seit undenklichen Zeiten, an festen Siedlungsplätzen wie auf temporären Märkten. Je mehr Menschen an einem Ort zusammenwohnen, die den Grundbedarf des täglichen Lebens nicht als Selbstversorger decken können, desto stärker entwickelt sich der Handel. Je größer der Wohlstand wird, desto mehr kann der Handel neben der Befriedigung der grundlegenden Bedürfnisse auch Luxuswünsche berücksichtigen, werden einstige Luxusgüter schließlich zu Standardwaren des täglichen Bedarfs und findet man neue Handelsprodukte, die Üppigkeit und Reichtum demonstrieren können.

Güter des täglichen Bedarfs hat man zu allen Zeiten versucht über nur geringe Entfernungen herbeizuschaffen, Luxuswaren dagegen wurden oft über erstaunliche Distanzen herangeholt. Am Anfang stand der Tauschhandel, im alten Ägypten schon seit etwa 3000 v. Chr. grundsätzlich als Staatshandel, in Mesopotamien etwa zur gleichen Zeit bereits als freier Handel. Rudimente davon haben sich bis heute erhalten. Nicht nur an die Schwarzhandelszeiten nach den beiden Weltkriegen oder an Waren-Tauschgeschäfte der westlichen Industrienationen mit Ländern ohne frei konvertible Währung ist dabei zu denken; letztlich ist auch die Balance der Warenströme zwischen verschiedenen Volkswirtschaften, die zu einer möglichst ausgeglichenen Handels- und damit Zahlungsbilanz führen muß, ein solches Tauschhandelsrelikt. Doch schon früh entwickelte sich in den Hochkulturen Mesopotamiens und Ägyptens über die Zwischenstufe des Zahlens mit gewogenen Metallen, überwiegend Gold und Silber, ein Zahlungsverkehr mit geprägten Münzen. Für Griechenland sind die ersten Silberprägungen aus dem 7. Jahrhundert

v. Chr. bekannt, in Rom prägte man die ersten Münzen in Kupfer und Silber um 269 v. Chr. Der Übergang vom Tauschhandel zum Geldzahlungsverkehr erleichterte und beflügelte den Handel enorm.

Schon früh bildeten sich Unterschiede heraus zwischen Großkaufleuten, die im allgemeinen Fernkaufleute waren, und Händlern – Einzelhändler würden wir heute sagen –, die Waren auf den Märkten und in den Straßen an die Verbraucher brachten. Während die Großkaufleute, die zunächst vor allem in den Hafenstädten ansässig waren, es zu Wohlstand bringen konnten, durchweg großes Ansehen genossen und auch politischen Einfluß gewannen, führten die Händler in ihrer weitaus überwiegenden Zahl ein eher kümmerliches Dasein mit entsprechend geringem Ansehen und politischer Bedeutungslosigkeit. Sie aber sind sozusagen die Urahnen unserer Ladenbesitzer – nicht die Großkaufleute, über die hier also auch nicht weiter gehandelt zu werden braucht.

Der frühe Einzelhandel fand unter freiem Himmel statt. Schon um 600 v. Chr. kennt man in den Städten Ägyptens spezielle «Geschäftsstraßen», an denen Händler auf Matten ihre Waren feilbieten. Bereits vor der Zeit Alexanders des Großen (336–323 v. Chr.) wird aus Griechenland auch von zugigen Bretterverschlägen und Buden der Händler auf den Märkten und den marktnahen Straßen berichtet. Aus Rom liegen entsprechende Nachrichten etwa aus der Zeit des Zweiten Punischen Krieges (280–202 v. Chr.), des Krieges zwischen Rom und Carthago, vor. Es gab Verkaufsstände mit steinernen Tischen, sie hatten Markisen oder befanden sich in gedeckten

Säulengängen, und etliche hatten hölzerne Klappen zum Verschließen. Etwa 100 Jahre später – um 110 v. Chr. – entstanden in Rom die ersten Markthallen, und unter Kaiser Trajan (98–117 n. Chr.) baute man am Quirinal in Rom ein fünfgeschossiges Ziegelgebäude für rund 500 Verkaufsstände, im Erdgeschoß für Obst und Gemüse, im ersten Obergeschoß für Wein und Öl, im zweiten und dritten für Gewürze und im vierten unter anderem für Fische. Allenthalben existierten zu dieser Zeit in Rom Buden, in denen, getrennt nach einzelnen Produkten, auf jeweils bestimmten Straßen und auf bestimmten Märkten in den Quartieren die Händler ihre Waren verkauften. Auch von Aushängern und Werbeschildern ist schon die Rede. Diese Art des Handelns übertrugen die Römer auch auf ihre Kolonialstädte in Germanien, nach Trier, Köln und Augsburg zum Beispiel. Die germanischen Stämme hatten zu dieser Zeit noch keine Städte und somit auch keine Märkte im eigentlichen Sinn, wiewohl Tauschhandel auch dort selbstverständlich war.

Nachdem während der Völkerwanderungszeit der Handel in Germanien fast völlig zum Erliegen gekommen war, entstanden seit der Zeit der Christianisierung Mitteleuropas neue Marktzentren, vielfach im Schutz der Klöster. Diese verfügten zum Teil über weit entfernten Grundbesitz und unterhielten enge Kontakte zu ihren Filialklöstern, so daß schon dadurch Handel untereinander begründet wurde. Oft bildeten diese Märkte Keimzellen der mittelalterlichen Städte.

Das Recht zur Marktgründung war im Frankenreich und in den deutschen Ländern des Mittelalters ein Vorrecht des

Königs, das aber auf einzelne Landesherren übertragen werden konnte. Die meisten der bis zum Ausgang des 12. Jahrhunderts erteilten Privilegien für Marktgründungen entfielen auf die Geistlichkeit. So lag es auch gleichermaßen im Interesse von Kirche und Handel, Reliquien zu besitzen. Sie veranlaßten die Gläubigen zu Wallfahrten, und das sich damit entwickelnde geistliche Zentrum wurde zugleich zum vielbesuchten Marktort. Die enge Verbindung von Kirche und Handel ist bis in die Gegenwart noch an den festen Terminen für Jahr-, Kram- und Viehmärkte sichtbar. Sie lehnen sich an die große Kirchenfeste, aber oft auch an weitere ehemals wichtige Festtage an, beispielsweise Trinitatis (der Sonntag nach Pfingsten), Johannis (24. 6.), Michaelis (29. 6.) oder Martini (11. 11.). Noch heute weist auch die Doppelbedeutung des Wortes «Messe» als Bezeichnung für den Gottesdienst wie für den Jahrmarkt bzw. eine regelmäßig wiederholte Verkaufs- und Musterschau auf die enge Verbindung zwischen Handel und Kirche hin.

Die Zeit der großen mitteleuropäischen Messen in ihrer überragenden Bedeutung sind die Jahrhunderte zwischen etwa 1000 und 1450; wichtige Messeplätze in Frankreich waren die Champagne und Paris, in Deutschland vor allem Konstanz, Frankfurt/Main, Köln, Augsburg, Nürnberg und Leipzig. Etliche dieser Messeplätze haben sich in jeweiliger Spezialisierung bis heute erhalten. Der Sinn solch großer Zusammenkünfte des Handels bestand unter anderem darin, in einer kriegerischen Zeit durch den Schutz der geistlichen und weltlichen Obrigkeit den Kaufleuten mit bestimmten verbürgten Rechtszusagen, dem Markt- und Messefrieden, ausreichende Sicherheit zu bieten. Diese Sicherheit galt auch für eine gewisse Umgebung sowie für die Hin- und Rückreise auf den zum Markt führenden Straßen. Verstöße gegen Marktfriede, Marktfreiheit und Marktrecht wurden sogleich durch den Marktrichter öffentlich abgeurteilt.

Die ersten Märkte des Frühmittelalters waren wie die großen Messen vor allem Fernhandelsmärkte. Doch mit der Ausbildung einer arbeitsteiligen Wirtschaft und dem Entstehen der kleineren Territorialstädte bildeten sich allenthalben auch lokale Märkte, die nicht nur die Stadtbevölkerung, sondern auch den ländlichen Umkreis versorgten. Für sie galten entsprechende Schutzprivilegien wie für die großen Märkte. Für die Versorgung der Stadtbevölkerung wurde der Wochenmarkt abgehalten, in größeren Städten täglich, in kleineren an einem oder zwei Tagen in der Woche. Um den preissteigernden Zwischenhandel auszuschalten, waren Bauern und Fischer des Umlands zum Direktverkauf ihrer Waren ohne Vermittler verpflichtet. Nur die Produkte, die bis zu festgesetzten frühen Vormittagsstunden nicht verkauft waren, durften an Wiederverkäufer abgegeben werden. Diese setzten sie dann meist durch Ausruf auf den Straßen der Stadt und bei entsprechendem Bedarf auch im Umland ab. Nach oberitalienischem und somit letztlich nach römischem Vorbild entstanden Spezialmärkte für die verschiedenen Produkte: neben allgemeinen Krammärkten solche für Fische, Kohl und Gemüse, Korn und Hopfen, Vieh, Pferde und anderes.

Wurde der Platz für die ersten Märkte meist durch Verbreiterung der durchgehenden Hauptverkehrsstraßen geschaffen, so erforderten bei größerer Entfaltung der Städte auch die Märkte mehr Raum. Bei den planmäßigen Stadtgründungen des 12. Jahrhunderts fand das Berücksichtigung. Weiterhin gehörten dabei Markt und Kirche zusammen, hinzu kam das Rathaus; sie bildeten die Stadtmitte. Auch das Rathaus hatte in hohem Maß dem Handel zu dienen: Das Erdgeschoß der alten Rathäuser stattete man mit laubenartig geöffneten, wettergeschützten Verkaufsplätzen, den Schrangen, aus – für Lebensmittel, vor allem für Fleisch und Brot; häufig kamen Hallen für die Tuchhändler, die Gewandschneider, hinzu. Die Keller enthielten Vorrats- und Verkaufsräume für Wein. Zum Schutz des Braugewerbes unterlag der Weinverkauf der ausdrücklichen Kontrolle des Rats, denn Wein diente nicht nur dem Genuß, sondern war für die Bekräftigung von Rechtsakten wie Kaufabschlüssen und anderen Verträgen unentbehrlich. Daraus entwickelten sich als gastronomische Betriebe die Ratskeller.

Da die in Marktnähe gelegenen Grundstücke zu den teuersten der Stadt zählten, befanden sie sich meist im Besitz der Patrizier, fast immer Fernhandels- bzw. Großkaufleute. Um aber dem Einzelhandel über den beschränkten Platz im Rathaus-Erdgeschoß hinaus wetterfeste Plätze anbieten zu können, wurde auf weniger begehrten Stellen des Geländes, etwa direkt an der Kirche oder auf Teilen des Marktes und an den Markträndern, der Bau von Verkaufsbuden vorgesehen. Der ab 1159 entstandene Lübecker Marktplatz, bei dem wir über die Plätze der «Crambodae» gut unterrichtet sind, ist dafür ein gutes Beispiel. Bis heute trägt die Straße an der ursprünglichen Westseite den Namen «Schüsselbuden».

Drei Budenblocks, getrennt von den Engen und den Weiten Krambuden, lagen zwischen Markt und Marienkirchhof. Man muß sich diese Buden zunächst als einfache Holzhäuser vorstellen, erst im Spätmittelalter wurden es einfache Fachwerk- oder, wie in Lübeck, einfache Steinhäuser. Die kleinen, direkt an die Kirchen angebauten Häuschen wurden bei purifizierenden Restaurierungen der Kirchen im 19. Jahrhundert meist abgebrochen, mancherorts sind sie jedoch noch erhalten. Heute sind dort oft Kerzen- und Devotionalienhändler, Souvenir- und Süßigkeitenverkäufer ansässig. Auch Gewürz- und Buchhändler sowie Würstchenverkäufer kann man dort finden.

Bezeichnend für die Stadt des Mittelalters und der frühen Neuzeit ist, daß in antiker Tradition die einzelnen Verkaufssparten in Blöcken am Markt und, als dort der Platz nicht mehr ausreichte, in bestimmten Straßen zusammengefaßt waren; desgleichen waren die einzelnen Handwerke nach Straßen und Quartieren geordnet. Diese verbraucherfreundliche Übersichtlichkeit erleichterte den Einkauf und verschärfte den Wettbewerb. Umgekehrt war lautes Anpreisen der Waren und auch das zu weite Auslegen des Sortiments auf die Straße meist verboten, um den Nachbarn in seinem Handel nicht zu beeinträchtigen.

Die Verkaufsstände waren zur Straße hin offen, damit jedermann Einblick nehmen konnte, die Waren leicht zugänglich blieben, Heimlichkeiten hinter und unter dem Verkaufstisch erschwert wurden, Auseinandersetzungen bei Verkaufsverhandlungen öffentlich erfolgten und die Arbeit der Handwerker kritisch beobachtet werden konnte. Verschlossen wurden die Verkaufsräume des Nachts durch hölzerne Läden. Und aus diesen Läden entwickelte sich die Bezeichnung für den gesamten Stand. Denn was lag näher, als den Verkaufsraum in halber Höhe fest zu verschließen, die Öffnung darüber aber mit Klappläden zu versehen, den einen als Verkaufstresen nach unten, den anderen als Schutzdach nach oben zu klappen? Der Verkauf fand also «über den Laden» statt, es war somit ein Ladenverkauf. Das war ein Unterschied zum Verkauf am offenen Marktstand, an dem im übrigen ursprünglich nur empfindliche Lebensmittel wie Brot und Fleisch auf Tischen angeboten, alle anderen Waren aber auf dem Boden verkauft wurden – die Bezeichnung «Höker» für den Krämer, abgeleitet vom ursprünglichen Hocken auf dem Markt, deutet noch darauf hin. Es war auch ein Unterschied zum Verkauf aus dem Tragekorb, der Kiepe, durch den Straßenhändler.

Die Bezeichnung «Laden» ging auf das Geschäftslokal über und wurde auch beibehalten, als man die Fast-Einheit von Straße und Laden aufgab, den Verkaufstisch ins Innere verlegte und – zunächst nur während der kalten Jahreszeit – für einen Abschluß nach außen mit Hilfe von Fenstern aus den damals üblichen runden, meist grünlich gefärbten blasigen Butzenscheiben sorgte. Diese kaum durchsichtigen Fenster wurden durchaus als Nachteil empfunden, doch war man nicht in der Lage, größere Scheiben zu blasen: Die Kenntnis des von den Römern benutzten Gußverfahrens für Fensterglas war verschollen, ein teures Schleuderverfahren für kleinere Flachgläser kam erst im 14. Jahrhundert auf, und klar weißdurchsichtig waren die Scheiben zu einem halbwegs annehmbaren Preis auch nicht herzustellen. So mußte man die lichtdämpfende Wirkung des von Eisen- und Titanoxidspuren grüngefärbten Waldglases in Kauf nehmen und im Inneren mit der Tranfunzel nur wenig aufgehelltes Schummerlicht akzeptieren, abgesehen davon, daß der Einblick von außen nicht möglich war und Kunden somit auch nicht zum Kauf angelockt werden konnten.

Man darf sich aber zunächst das Warenangebot nicht etwa üppig vorstellen. Der Einzelhändler, der Krämer, der Obst- und der Gewürzhändler, der Kurzwarenhändler wie auch der Schankwirt brachten es eigentlich während des ganzen Mittelalters weder auf den Märkten noch in den Läden zu größerem Erfolg, lediglich der Großhandel blühte. Dasselbe galt für das Handwerk, sowohl für jenes, das selbsthergestellte oder veredelte Waren verkaufte wie die Tuchhändler, Kürschner, Schuster und Bäcker, als auch für die Anbieter von Dienstleistungen wie etwa die Barbiere. Den Krämern und verwandten Händlern haftete gar eine gewisse Verächtlichkeit an. Jeder brauchte sie, doch vielfach wurde – gewiß nicht immer grundlos – Verkaufen mit Hintergehen und Betrügen gleichgesetzt, sei es in bezug auf die Qualität der Ware, auf Maß und Gewicht oder auf die Berechnung. Der Krämer verdiente nur wenig, er mußte als «Pfennigfuchser» auf den Pfennig achten und wurde dennoch verdächtigt, sich ungerechtfertigt zu bereichern. Seine kleinliche «Krämerseele» wurde ihm zum Vorwurf gemacht. Zusammen mit dem Handwerker stand er im gesellschaftlichen Ansehen weit unter dem Bürger, der den Großhandel betrieb. Auflagen und Vorschriften sorgten aber dafür, daß dieser immer im Vorteil blieb.

Wie die Handwerker waren auch die Händler seit dem hohen Mittelalter in Zünften zusammengeschlossen. Der Zunftzwang, zunächst als Mittel der Qualitäts- und Preiskontrolle vor allem zum Schutz vor überhandnehmender Konkurrenz gedacht, führte bald zu für uns heute kaum mehr vorstellbaren Vorschriften und Gängelungen. Das Festsetzen einheitlicher Preise, das Verbot von Sortimentserweiterungen und von neuen Organisationsformen zur Ausdehnung des Handels bewirkten eine jahrhundertelange Stagnation. Die ambulantes Gewerbe Treibenden hielten sich dagegen nie an die Zunftstatuten, desgleichen nicht die Bauern, die ihre Waren selbst auf den Markt brachten. Und Glück konnte auch derjenige haben, der als Händler oder Handwerker königliche und fürstliche Hofhaltungen belieferte; er durfte die Zunftregeln dank entsprechender Privilegien ebenfalls außer acht lassen.

Verbesserungen für Kleinhändler und Handwerker brachten erst die allenthalten ausbrechenden Handwerkeraufstände vom späten 14. bis zum 16. Jahrhundert, durch die sich Handwerk und Kleingewerbe größere Mitsprache in den städtischen Ratsgremien sicherten. Auch die Reformation trug ihren Teil dazu bei, das Ansehen des Handels zu heben, da Gewinne nicht nur im großen, sondern auch im kleinen nun nicht mehr von vornherein verdächtig waren, sondern sogar von besonderem göttlichen Segen zeugen konnten. Damit wurde auch der soziale Aufstieg von Händlern und Handwerkern möglich.

Einige wichtige Neuerungen für den Kleinhandel brachte das 18. Jahrhundert. Es war in Deutschland, von kriegsbedingten Störungen abgesehen, im großen und ganzen ein Jahrhundert wirtschaftlicher Prosperität sowohl in den Städten als auch auf dem Lande. Die Landesherren betrieben unter merkantilistischen Gesichtspunkten Wirtschaftsförderung, auf dem Lande führten Neuerungen insbesondere in der Landbautechnik zu wesentlichen Ertragssteigerungen, die durch Exporte – und durch Kriegsgewinne – auch in Geld umgesetzt werden konnten. Als Folge nahm in den Städten wie auf dem Lande der Wohlstand zu, und Handel und Handwerk prosperierten; insbesondere blühte auch der ortsansässige Einzelhandel und gewann dementsprechend an Ansehen.

Die im 17. Jahrhundert neu aufgekommenen Modegetränke Tee, Kaffee und Kakao wurden jetzt so populär, daß sich Spezialgeschäfte etablierten, die den Apotheken den Verkauf dieser Waren mit Erfolg streitig machten. Dasselbe galt für den Tabakhandel, dessen Anfänge in Deutschland ebenfalls schon im 17. Jahrhundert liegen. Es ging dabei zunächst noch nur um Pfeifen-, Schnupf- und Kautabak. Der Handel mit den viel teureren Zigarren fand dagegen erst allmählich Eingang. Die ersten europäischen Zigarren wurden zwar schon seit 1720 im spanischen Sevilla hergestellt, doch handelte man in Deutschland anfangs vor allem mit englischen Importen, und erst seit 1788 kamen auch Zigarren aus Hamburger Produktion, der ersten in Deutschland, auf den Markt.

Da von wachsendem Wohlstand insbesondere die Mode profitiert, etablierten sich verstärkt Läden für Stoffe, Bänder und Spitzen, Knöpfe, Garne und anderes Zubehör, es entstanden mehr Hutläden, Parfümerien hatten ebenso Konjunktur wie Perückenmacher. Die Zahl der Feinbäckereien und Zuckerbäckereien nahm zu, und das wohlhabende Bürgertum leistete sich schon im 18. Jahrhundert mehr und mehr sogenannte Kolonialwaren neben Tee, Kaffee und Kakao. Besonders Reis, Sago, Rohrzucker, Rosinen, Südfrüchte, Gewürze und Spezereien zählten dazu, auch wenn einige dieser Waren nicht aus den Kolonien der Niederlande, Englands und Frankreichs, sondern aus den Mittelmeerländern kamen.

In den Städten ersetzten neue Häuser die alten, zumindest aber entstanden neue Hausfassaden. Die Läden versah man nun mit Schaufenstern. Das wurde möglich, nachdem um 1680 in Frankreich ein Verfahren zur Herstellung von Flachglas durch Gießen und Walzen erfunden worden war. Man benutzte diese anfangs bis zu 120 × 200 cm großen Scheiben zunächst nur für teure Spiegel, während man kleinere Fensterscheiben wie schon zuvor billiger aus geblasenen Glaszylindern fertigte. Aber beide Verfahren konnten verbessert und verbilligt werden, auch vermochte man nun, farblose, klar-durchsichtige Scheiben preiswerter zu fertigen, so daß man während des 18. Jahrhunderts dazu übergehen konnte, den zuvor nahezu frei zugänglichen Laden von der Straße abzutrennen, ohne ihn dadurch zu isolieren. Waren konnten in diesen Schaufenstern optimal angepriesen werden, obwohl die Scheiben zur Schadenminimierung im Fall des Zerbrechens noch mehrfach unterteilt waren. Um die Trennung zwischen Laden und Straße zu kompensieren, brachte man vor den Geschäften mehr wandfeste und frei an Aushängern in den Straßenraum hineinragende Laden- bzw. Handwerkerschilder an, die immer aufwendiger gestaltet wurden; man warb zudem mit Handzetteln und Plakaten.

Neu ist ferner, daß gegen Ende des 18. Jahrhunderts auch in den wohlhabenderen Agrarregionen vereinzelt Krämerei begonnen wurde. Frühe Beispiele dafür, daß Privilegien zur Errichtung eines Kramhandels auf dem Lande erteilt wurden, lassen sich zwar gelegentlich schon Ende des 17. Jahrhunderts finden, doch sie blieben zunächst Ausnahmen. Wir finden die neuen ländlichen Handlungen vor allem dort, wo Bodengüte und Agrarstruktur eine kräftige Teilhabe an der Agrarkonjunktur bescherten und wo die Entfernung zur nächsten Stadt ausreichend groß war, um gegen die dortige Konkurrenz bestehen zu können. Meist waren es Kätner, also «kleine Leute» mit geringem Landbesitz, auch Landhandwerker, die sich auf diese Weise eine Aufbesserung ihrer eigenen Verhältnisse erhofften, daneben aber auch Gastwirtschaften und ebenfalls in dieser Zeit sich etablierende ländliche Bäckereien, die nebenbei einen Handel aufnahmen. Zunächst wurden diese Geschäfte eher als Wanderhandlungen geführt, doch im Lauf des 18. Jahrhunderts entstand hier und da auch schon einmal ein kleiner Stubenladen, in dem man dann alles erhielt, das man nicht selber produzieren konnte. Nicht Vorrätiges wurde auf Bestellung besorgt.

Dabei waren die Verhältnisse in den reichen Agrarlandschaften mit selbständigem oder weitgehend selbständigem Großbauerntum – etwa in den Marschen der schleswig-holsteinischen oder niedersächsischen Nordseeküste, in der Magdeburger Börde und in weiten Teilen des niedersächsischen Binnenlandes, im westfälischen Münsterland und in großen Teilen Frankens und Bayerns, desgleichen in Teilen Sachsens und Thüringens – durchaus als üppig anzusehen.

Allerdings behinderten die schlechten Verkehrs- und Transportmöglichkeiten den ländlichen Handel noch weitgehend, so daß die Konkurrenz der städtischen und ländlichen Märkte, die ohnehin von den Bauern besucht wurden, stark war und eine wesentliche Ausweitung der Aktivitäten des Landhandels verhinderte.

Die große Zeit des Einzelhandels allerdings begann erst im 19. Jahrhundert. Damals erfuhr der Einzelhandelsladen jene Ausprägung, die sich letztlich bis nach dem Ende des Zweiten Weltkriegs erhalten sollte und von der wenige Beispiele bis heute überdauert haben. Im 19. Jahrhundert dehnten sich die Städte Mitteleuropas in zuvor unvorstellbarem Maß aus. Nach den Napoleonischen Kriegen wurden die Stadtmauern und Stadtwälle allenthalben geschleift, zumindest aber wurden sie bei der Anlage neuer Stadtviertel ignoriert. Die Bevölkerung nahm gewaltig zu, sowohl durch Zuzug als auch durch die sukzessive verbesserte Gesundheitsvorsorge. Die industrielle Entwicklung zog vor allem Massen von Arbeitern, also unselbständig Beschäftigte, in die Städte. Hatten sich zuvor noch etliche Bürger wenigstens teilweise selbst versorgen können, sei es als Ackerbürger, sei es als Besitzer kleiner Gärten, so war bei der Masse der Arbeiter selbst in kleineren Städten an Selbstversorgung nicht mehr zu denken.

Schon in den Jahren vor der Französischen Revolution waren auf der Basis der Lehren von Adam Smith von einer freien Wirtschaft Grundsätze zur Gewerbefreiheit aufgestellt worden, die zum Ende der Bindungen an Zünfte und obrigkeitliche Privilegien führen sollten. In den neu entstehenden

Vereinigten Staaten von Amerika wurde diese Gewerbefreiheit durchgesetzt; Kaiser Joseph II. verkündete sie 1782 für Österreich, wenngleich es Rückschläge gab und sie in einer heutigen Verhältnissen vergleichbaren Form erst 1867 ausgesprochen wurde. Während der Revolution wurde sie in Frankreich eingeführt. Preußen erkannte die Gewerbefreiheit 1807 an und verwirklichte sie erstmals 1810, für das gesamte Staatsgebiet schließlich 1845 und, nach zeitweiliger Einschränkung, erneut 1869. Bei der Gründung des Deutschen Reichs 1871 schließlich wurde die Gewerbefreiheit im Grundsatz Bestandteil der Reichsverfassung. Das führte dazu, daß sich nun in den neu entstehenden Stadtvierteln Handeltreibende und Handwerker in heute kaum mehr vorstellbar großer Zahl ansiedeln konnten und dabei auch nicht mehr an bestimmte Quartiere oder Straßenzüge gebunden waren. Das Fast-Monopol der alten Stadtzentren selbst für die Lebensmittelversorgung wurde somit gebrochen, und es setzte eine zunehmende Differenzierung ein: Im Stadtzentrum verblieben die Geschäfte für den nichttäglichen Bedarf und für Luxusartikel, für alle anderen Bedürfnisse aber entstanden neue Einkaufsmöglichkeiten auch in den Neubauvierteln außerhalb des Zentrums. In diesen Stadtvierteln wurden Häuser an allen wichtigeren Straßen sogleich mit zahlreichen Läden bestückt, selbst neue Wohnquartiere erhielten – zur Schaffung angemessener Versorgungsmöglichkeiten eigentlich selbstverständlich – anders als unsere Neubauviertel nach dem Zweiten Weltkrieg ihre Läden zur Deckung des täglichen Bedarfs.

Die Ausweitung der Städte kulminierte in Deutschland in den sogenannten Gründerjahren nach 1871, die größeren Teilen der Bevölkerung als je zuvor Reichtum, einem beachtlichen Anteil noch Wohlstand und vielen anderen Menschen ein immerhin erträgliches Auskommen brachten, wenngleich in etlichen reinen Arbeitervierteln – oft heruntergekommene Altstadtquartiere, aber auch neu erbaute Stadtbezirke – zum Teil Not und Elend in unvorstellbarem Ausmaß herrschten.

Schätzungen besagen, daß in Deutschland schon 1861 auf nur jeweils 83 Einwohner ein Groß- und Einzelhändler entfiel. 1907 waren es 30 Einwohner, die von einem Geschäft versorgt wurden, Einzel- und Großhändler zusammengerechnet, und vor allem die vielen kleinen und kleinsten Geschäfte sorgten für diesen enorm hohen Besatz.

Zur Versorgung mit dem zum täglichen Leben Notwendigsten entstand jetzt jener Typ des Gemischtwarenladens, der später liebevoll «Tante-Emma-Laden» genannt werden sollte. An nahezu jeder Straßenecke gab es ihn, in etwas größeren Abständen daneben Milchläden, Bäckereien, Schlachtereien, Tabakläden, die meist auch Schreibwaren und Zeitungen führten, sowie Schuhmachereien und Schneidereien. Neu entstanden Drogerien, die aus dem Sortiment der Apotheken alle nichtverschreibungspflichtigen Drogen, dazu Toiletten- und Reinigungsartikel, Farben u. ä. führten. In den Höfen etablierte sich das Handwerk, das, wenn es nötig war, zur Straße hin ebenfalls einen Laden mit Schaufenster unterhielt.

In den Stadtteilen mit wohlhabenderer Bevölkerung und erst recht in den Stadtzentren wurden die Geschäfte immer luxuriöser. Zugleich ist eine enorme Spezialisierung festzustellen, möglicherweise noch in gleichsam freiwilliger und jetzt offenbar wirtschaftlich sinnvoller Fortsetzung der älteren, auf die Zunftordnungen zurückgehenden Tradition. Der allgemeine Lebensmittelladen erhielt Mitbewerber durch spezialisierte Kolonialwarengeschäfte – Kolonialwaren kamen nun auch aus den deutschen Kolonien (!), und schon die Bezeichnung hatte einen Hauch von Exotik und Patriotismus –, des weiteren durch Feinkostläden, Tee- und Kaffeegeschäfte, Bonbon- und Konfektläden; es etablierten sich die verschiedensten Obst-, Gemüse- und Trockenfruchthändler; zur Bäckerei traten die Kuchenbäckerei und das Café, in dem man das Gebäck zusammen mit Kaffee, Tee oder heißer Schokolade verzehren konnte; das Kaffeehaus wurde in den größeren Städten Österreichs üblich, in dem man sich beim Kaffee zu Gesprächen traf oder auch nur die neuesten Zeitungen studierte. Tabakläden sonderten sich von Pfeifenläden ab, und der etwa seit den 60er Jahren des vorigen Jahrhunderts in Mode kommenden Zigarette, die lange Zeit nur in «besseren Kreisen» genossen wurde, versagte schließlich manches Zigarrengeschäft das Nebeneinander mit der Zigarre, als sie um die Jahrhundertwende allgemeineres Genußmittel wurde.

Die Zigarette, die ihre endgültige Popularisierung im Ersten Weltkrieg erfuhr, kaufte man fortan eher am Zeitungskiosk – ebenfalls eine Neuerung des ausgehenden 19. Jahrhunderts – und im einfachen Tabak-, Zeitungs- und Zeitschriftenladen, während Zigarren im noblen Fachgeschäft in kaum vorstellbarer Auswahl angeboten wurden. Nicht nur hielten die Händler Zigarren aus den verschiedensten Tabaken in den unterschiedlichsten Façons bereit, auch auf die sorgfältigste Sortierung nach bis zu 150 Farbnuancen aus einem Ballen Deckblatt gegen Ende des Jahrhunderts (gegenüber einer Farbskala von 24 Tönen heute) wurde geachtet, und Nichtzusammenpassendes wurde billiger als «Fehlfarbe» angeboten. Aber das ist nur ein augenfälliges Beispiel für die bis in die Unsinnigkeit getriebene Verfeinerung des Angebots an wohlhabendere Kaufinteressenten. Die gleiche Entwicklung zeigte sich in der Textilbranche, bei Ledererzeugnissen, Papier- und Schreibwaren, Büchern, ja bei allen Verkaufsartikeln, deren Zahl sich aufgrund der Industrieproduktion, des völligen Fortfalls der innerdeutschen Zollgrenzen sowie der verbesserten Transportmöglichkeiten gewaltig vermehrte.

Andererseits aber war es um das Angebot für die ärmere Bevölkerung oft kümmerlich bestellt. Zwar waren ausreichend Lebensmittel vorhanden, doch war die Qualität oft genug außerordentlich schlecht. Besonders in den Arbeiterquartieren der Großstädte, in denen die Kontrolle schwerfiel, der Wettbewerb groß war und sich die Bevölkerung zu sparsamstem Wirtschaften gezwungen sah, waren Lebensmittelverfälschungen durch Zusätze und Lebensmittelverschlechterungen durch unhygienische Handhabung an der Tagesordnung. Die Versuchung, Lebensmittel zu verfälschen und Verdorbenes zu schönen, hatte es schon immer gegeben – das zeitweilig schlechte Ansehen der Krämer wurde bereits erwähnt –, aber gegen Ende des 19. Jahrhunderts nahm sie in den Großstädten gewaltige Ausmaße an. Milch wurde mit Wasser verdünnt, Mehl mit Gips, Kreide und anderem gestreckt, Butter mit Margarine und anderen Fetten vermischt. Bereits einmal aufgebrühte Teeblätter wurden regeneriert, zum Teil auch mit anderen getrockneten Blättern vermischt und als frische Ware verkauft, Kaffee wurde mit gebranntem Getreide, Zichorie oder auch Sand gestreckt, billige Schokolade bestand zum großen Teil aus Reismehl, Stärke, Kleister, Gummi und Hammel- oder Kalbsfett. Man könnte noch lange so fortfahren; festzuhalten ist, daß sich die Lebensmittelindustrie an diesem Betrug beteiligte. Desgleichen waren Fleisch und Speck, Käse, Eier und Fisch oft verdorben, Gemüse war welk und angefault, Obst ebenfalls von schlechtester Qualität, und die Ladenräume in den Vierteln der ärmeren Bevölkerung, oft im Kellergeschoß gelegene feuchte Löcher, förderten die mangelhafte Hygiene und minderten die Haltbarkeit der Ware.

Alles in allem aber war die Zeit von der Reichsgründung bis zum Ersten Weltkrieg eine Zeit großer Blüte des Handels ebenso wie des Handwerks. Das schlug sich auch im Stadtbild nieder. In den Stadtzentren wurden erst jetzt die Erdgeschoßfassaden aufgebrochen und mit wirklich großflächigen Schaufenstern versehen. Eisenpilaster und Eisenträger ermöglichten das Herausbrechen großer tragender Wandpartien und das Abfangen der darüber liegenden Hausfassaden, und neue Methoden der Glasherstellung erlaubten ab Mitte der 50er Jahre des 19. Jahrhunderts die Produktion großer Scheiben, die gegen Jahrhundertende dann so preiswert wurden, daß sich auch kleinere Geschäfte ungeteilte große Schaufensterscheiben leisten konnten. Größere Geschäfte entstanden durch das Zusammenlegen benachbarter Häuser, und in den Neubauvierteln für Wohlhabendere baute man sogleich große, nach heutigem Empfinden viel zu hohe Geschäftsräume. In aufwendigeren Häusern statteten die Bauherren wie die

Wohnungen auch die Läden mit Zentralheizung und Gasbeleuchtung aus, in weniger komfortablen blieben Händler und Käufer dagegen noch bis nach dem Zweiten Weltkrieg auf den Kohleofen zum Heizen des Ladens angewiesen.

Eine große Ausweitung erfuhr der Handel in dieser Zeit ebenso auf dem Lande. Auch hier hatte die Industrieproduktion zu immer arbeitsteiligerem Wirtschaften geführt. Die modernen Verkehrsmittel hatten die Versorgung selbst entlegenster ländlicher Läden mit Industriegütern wesentlich erleichtert, und der allgemeine Wirtschaftsaufschwung nach der Reichsgründung hatte auch auf dem Lande den Wohlstand wachsen lassen, somit auch den Handwerkern und Gewerbetreibenden das für eine Geschäftsgründung notwendige Kapital beschert. Gleichzeitig wuchs die nicht von eigener Landwirtschaft lebende und daher auf weitgehende Fremdversorgung angewiesene Bevölkerung auch hier, so daß ein zusätzlicher Versorgungsbedarf entstand. Es kam zu zahlreichen Geschäftsneugründungen, und auch die schon zuvor existierenden Hökereien entwickelten sich zu ansehnlichen Ladengeschäften. Sie waren teilweise spezialisiert, doch führten sie meistens ein Angebot in einer Breite, das jedem heutigen Supermarkt zur Ehre gereichen würde. Sie boten Lebens- und Genußmittel aller Art an, vor allem natürlich solche, die niemand oder kaum jemand selbst erzeugen konnte oder wollte, Mehl, Zucker und Salz beispielsweise, auch Butter, Käse und manche Wurstsorten, dann alle Arten von sogenannten Kolonialwaren, insbesondere Kaffee, Tee und Kakao, ebenso Heringe, Salzgurken und Sauerkraut vom Faß, aber auch alle nur denkbaren Haushaltsartikel: einfaches Porzellan,

Emaillegeschirr, Zinkwannen und Wäscheruffeln, natürlich alle Reinigungsmittel, Holzschuhe, Pantoffel, später auch Gummistiefel, etliches Gartengerät, Werkzeug, Nägel und Schrauben, alle Arten von sogenannten Kurzwaren, darunter nicht nur Meterware von Bändern und Garnen, sondern auch Näh- und Stecknadeln sowie Knöpfe, desgleichen mancherlei Textilien wie Woll- und Baumwollstrümpfe, Geschirr- und Handtücher, gelegentlich sogar einfache Kleidungsstücke wie Unterwäsche, Hemden, Schürzen und Arbeitsjacken. Selbst Drogerieartikel und nicht verschreibungspflichtige Medikamente, Gips und Farben hielten sie vorrätig, ferner Kerzen, Zündhölzer und Petroleum und natürlich Papier und Schreibwaren, manchmal auch Bücher. Das alles war auf engstem Raum gestapelt, über- und untereinander, allerdings in wohldurchdachter Ordnung, alle Lebens- und Genußmittel nicht abgepackt, sondern lose in Schubladen unterschiedlicher Größe, je nach Umfang der Nachfrage. Und jede Art von Produkt gab es, anders als heute, selbstverständlich nur einmal, Weizen- und Roggenmehl jeweils eine Sorte und nicht mehr, jeweils eine Sorte Grieß, Graupen, Gerstengrütze, Sago oder Reis, eine Sorte Zucker, eine Sorte getrockneter Erbsen, Linsen etc. Aber, wie gesagt, ein Warenhaus im kleinen.

Apropos Warenhaus: Auch das Waren- oder Kaufhaus ist eine Neuerung des 19. Jahrhunderts. In seiner europäischen Ausprägung kam es in Frankreich auf, nachdem unter König Louis Philippe 1844 das alte Verbot aufgehoben worden war, Handelsunternehmen mit mehreren Abteilungen zu errichten. Der Staat kassierte für die Genehmigung eine Extragebühr von den vergrößerungswilligen Unternehmen, die jedoch leicht aufzubringen war und somit nicht schreckte. Die ersten kleineren Kaufhäuser waren Modehäuser, «Pygmalion», «Les Trois Quartiers», «La Belle Jardiniere», «Le Petit Saint Thomas» und schließlich 1852 das «Bon Marché», das aus einem Kurzwarenladen hervorging und in dem 1869 begonnenen Neubau in Glas und Stahl zum Vorbild aller späteren Kaufhäuser wurde – ein Vorbild an Größe, Eleganz, Warensortiment. Das «Louvre», «Le Printemps», «Les Galeries Lafayette» erinnerten an Schloßbauten, vielgeschossig mit großen Treppenanlagen, ausgestattet mit Zentralheizung und Gasbeleuchtung, die um die Jahrhundertwende durch elektrisches Licht abgelöst wurde, alles von höchster Eleganz bei feststehenden Preisen ohne jedes Feilschen, dabei jedermann zugänglich, denn man konnte hineingehen, ohne einem Kaufzwang zu unterliegen.

Auch die deutschen Kaufhäuser sind aus der Textil- und Modebranche erwachsen, allerdings erst kurz nach 1900 und damit erheblich später als in Frankreich: die Firmen Karstadt, Leonhard Tietz (später Kaufhof), Hermann Tietz (später Hertie) und schließlich Horten, um nur die bekanntesten zu nennen. Sie bildeten Filialen und entwickelten sich zu großen Konzernen.

Allenthalben wurden die Warenhäuser sogleich als Konkurrenten des Einzelhandels angesehen, gewiß nicht ganz zu Unrecht, denn ihr Angebot, ihre Eleganz und ihre dennoch oft niedrigeren Preise lockten große Käuferscharen an, denen die modernen städtischen Verkehrsmittel nun auch die Möglichkeit dazu gaben, diese Angebote wahrzunehmen. Da konnten insbesondere die kleinen, schmuddeligen, muffigen Läden nicht mithalten, und selbst die eleganten Mode- und Textilgeschäfte der Innenstädte begannen, um ihre Existenz zu bangen. Doch bis auf wenige Ausnahmen – meist Geschäfte in der unmittelbaren Nähe der Kaufhäuser – konnten sie dennoch überleben; die Zahl der Einzelhandelsgeschäfte nahm zwischen den beiden Weltkriegen sogar noch zu. Erreicht wurde die Konkurrenzfähigkeit durch Modernisierung der Ausstattung, ebenfalls mit einer Tendenz zur Eleganz, durch Verbesserung des Angebots und durch den Übergang zum Verkauf von Markenartikeln – auch deren Aufkommen eine Neuerung des späteren 19. Jahrhunderts, ermöglicht durch die Standardisierung und entsprechende Werbung für Industrieprodukte mit bestimmten Qualitätsstandards.

Aber es erwuchsen dem Einzelhandel noch weitere Konkurrenten: Da waren zum einen die Filialgeschäfte, spezialisierte Unternehmen etwa der Kaffee- und Süßwarenbranche, die sich seit dem ausgehenden 19. Jahrhundert etablierten und für schließlich bis zu über 1000 Filialen unter Umgehung des Großhandels direkt beim Erzeuger oder Importeur preiswert einkauften, aufbereiteten und gegebenenfalls abpackten. «Kaiser's Kaffeegeschäft» zum Beispiel ist als einer dieser Filialisten zu nennen, und sie entstanden frühzeitig auch in anderen Branchen, so etwa bei Textilien, allerdings und verständlicherweise mit weniger Filialen. Zum anderen entstanden um 1900 nach amerikanischem Vorbild auch die ersten Versandgeschäfte. Sie hatten es zunächst vor allem auf den ländlichen Kunden abgesehen, der bequem nach Katalog aus einem viel breiteren Sortiment bestellen konnte, als es der Laden im Dorf oder in der nächsten Kleinstadt zu bieten vermochte. Doch auch kleinstädtische Kunden konnten geworben werden, und heute existieren, aufs Ganze gesehen, kaum mehr Unterschiede zwischen der Kundschaft vom Lande oder aus der Großstadt.

Auf der Kundenseite bemühte man sich, den Preisdruck des Handels zu mindern. Nach englischem Vorbild entstanden Konsumgenossenschaften, und 1903 wurde in Hamburg der Zentralverband Deutscher Konsumgenossenschaften gegründet. Groß- und Einzelhandel bekämpften diese neuen Genossenschaften vehement, ohne allerdings bis zum nationalsozialistischen Verbot ihr Prosperieren verhindern zu können. Man kaufte en gros ein, verkaufte an die Mitglieder en detail und schüttete den Reingewinn an die Mitglieder aus. Nach dem Zweiten Weltkrieg begann man von neuem, doch tendierte die Entwicklung jetzt zur Ladenkette, die sich nicht mehr vorrangig an Mitglieder wendet.

Der Einzelhandel wehrte sich. Eine der Gegenmaßnahmen bestand im Zusammenschluß zu Einkaufsgenossenschaften, etwa zur 1907 gegründeten Edeka, der Einkaufsgenossenschaft deutscher Kolonialwaren- und Lebensmittel-Einzelhändler. Eine andere – in Deutschland allerdings erst nach dem Zweiten Weltkrieg eingeführt – bestand im Anschluß an eine Handelskette, wie sie zwecks günstigen Einkaufs in den Niederlanden 1932 mit der «SPAR» erstmals in Europa entstanden war. In beiden Fällen kann der Kaufmann seine Selbständigkeit weitgehend bewahren.

Alles in allem und allen Unkenrufen zum Trotz blieb der Einzelhandel in seiner gegen Ende des 19. Jahrhunderts gefundenen

Form bis in die Zeit nach dem Zweiten Weltkrieg erhalten. Zumeist wurde mehr oder weniger umfassend modernisiert – je nach Branche und persönlichem Erfolg –, man überdauerte die warenarmen Kriegs- und Nachkriegszeiten und errichtete zerstörte Läden nach dem Zweiten Weltkrieg neu.

Dann jedoch änderte sich die Einkaufswelt grundlegend: Verkaufserfahrungen in den USA aufnehmend, ging die Entwicklung auch in Deutschland zum Selbstbedienungsladen. In den Vereinigten Staaten war die Idee 1912 in Kalifornien geboren worden. Am 30. April 1949, nicht einmal ein Jahr nach der Währungsreform, eröffnete in Hamburg die «Produktion», die Hamburger Konsumgenossenschaft, den ersten Selbstbedienungsladen in der Bundesrepublik. Dem Beispiel folgte man in den Städten umgehend, auf dem Land spätestens seit den 70er und frühen 80er Jahren. Das Prinzip ist einfach: Alle angebotenen Waren liegen, abgepackt und mit Preisaufdruck versehen, offen zumBetrachten – und natürlich zum Mitnehmen in einem Warenkorb – bereit, die Kauflust des Kunden wird angeregt, er muß nur noch beim Bezahlen an der Kasse warten; lediglich auf das Verkaufsgespräch muß verzichtet werden, das wenige Personal im Laden hat bestenfalls Zeit, knappe Hinweise zu geben, wo die eine oder andere Ware zu finden ist. Die Umstellung führt allerdings nur in größeren Läden mit angestelltem Personal zu wesentlichen Einsparungen von Personalkosten, die an die Kunden weitergegeben werden können. Der kleine Laden, in dem der Eigentümer selbst hinter dem Tresen steht, kann bei der Umstellung kein Personal einsparen, steht aber mit den nun billiger Anbietenden im Wettbewerb.

Das Selbstbedienungs-Verkaufsprinzip bürgerte sich zwar zuerst in der Lebensmittelbranche ein, wurde aber praktisch von allen anderen Branchen und selbst Warenhäusern übernommen. Nur in Geschäften, in denen frische, verderbliche Lebensmittel für den Kunden erst portioniert und verpackt werden müssen wie etwa Kuchen und Brot, frisches Fleisch oder Fische, oder in denen ein unumgänglicher Beratungsbedarf wie etwa beim Apotheker, beim Optiker oder beim Juwelier dem entgegensteht – dazu gehören auch manche Branchen des Textilhandels –, blieb es beim Bedienen des Kunden über den Ladentisch.

Mit dem Übergang zur Selbstbedienung ging ein anderes Phänomen einher: Das Anwachsen der Zahl verkäuflicher Artikel, u. a. durch das Diversifizieren einzelner Waren in gleiche Erzeugnisse mehrerer Hersteller. Somit machte nicht nur die vollständige, übersichtliche und nach verkaufspsychologischen Gesichtspunkten geschickte Ausbreitung des Sortiments, sondern auch dessen Anwachsen größere Verkaufsflächen erforderlich. Hatten kleine Lebensmittelläden bei ihrer Gründung völlig ausreichende Grundflächen von 50 m^2 und weniger, so sind heute mindestens 400 m^2, besser aber mehr als 1000 m^2 für einen vorwiegend auf den Lebensmittelverkauf ausgerichteten Laden notwendig. Für den Besitzer eines traditionellen kleinen Lebensmittelladens folgt daraus, will er etwa aus Altersgründen nicht umstellen oder hindert ihn fehlendes Kapital daran, daß er versuchen muß, die vielen neuen Produkte – von denen er üblicherweise beim Lieferanten auch noch für seinen kleinen Laden viel zu große Mengen abnehmen muß – irgendwie unterzubringen, und das bei letztlich unpraktisch gewordenem Mobiliar. Denn seine Schränke sind mit Schubladen unterschiedlicher Größe ausgestattet, die für lose, erst nach Kundenwunsch abzuwiegende Waren gedacht waren und jetzt mehr schlecht als recht in irgendeiner Weise für die abgepackten Produkte weiterverwendet werden müssen. Die einst überaus praktische Ladeneinrichtung wird so überwuchert von einem völlig unangemessenen Warenangebot und von zusätzlichem neuen Mobiliar, um die jeweils neuesten Hygienevorschriften berücksichtigen zu können. Und dennoch werden der Kaufmann oder die Kauffrau den Trend zum Supermarkt mit Selbstbedienung nicht aufhalten können, auf dem Lande noch weniger als in der Stadt. Denn obwohl zumindest das ländliche Einzelhandelsgeschäft, wie wir gesehen haben, schon immer seinem Sortiment nach Supermarktcharakter hatte, ist sein Angebot nun zu klein, zu unübersichtlich, animiert zu wenig zum Kauf. Und da der inzwischen motorisierte Kunde längere Wege nicht scheut, können große, meist etwas billiger anbietende Verkaufseinheiten an den Stadt- und Dorfrändern entstehen, wenn in den Zentren der Platz fehlt oder die Mieten zu stark steigen.

Benachteiligt wird allerdings nicht der motorisierte Kunde, dem der nahegelegene Laden «um die Ecke» verloren geht. Das betrifft besonders alte Menschen. Doch für sie allein kann «Tante Emma» einen Laden nicht mehr unterhalten, zu gering ist der Umsatz, zu hoch sind die täglich und monatlich anfallenden Kosten, zu beschwerlich ist der Einkauf. Und wer ist schon bereit, tagein, tagaus ohne die Garantien der 40-Stunden-Woche und eines angemessenen Urlaubs hinter dem Verkaufstresen zu stehen?

Zurück bleibt bei manchen Kunden das Bedauern über den Verlust der vielleicht als gemütlich empfundenen ruhigen Einkaufsatmosphäre und über den Verlust der Informationsbörse, die der kleine Laden zudem darstellte. Doch besonders jüngere, berufstätige Kunden ziehen inzwischen die wohlberechnete Ordnung und die sorgsam beachtete Hygiene im Supermarkt der ungeordneten Fülle mit dem Zwang zum Kaufgespräch vor. Sie vertrauen auf die Qualität der abgepackten Ware, bei der sie Manipulation und Verfälschung durch den Händler nicht fürchten müssen und eine Haltbarkeitsgarantie erhalten. Daß auch die Lebensmittelindustrie nicht ohne problematische Zusätze und qualitätsmindernde Beimengungen arbeitet, steht auf einem anderen Blatt; die Kontrollmöglichkeiten durch den Staat, durch qualifizierte Mitarbeiter beim Hersteller und durch die Medien sind jedenfalls viel größer als beim allein wirtschaftenden Krämer.

Kunden heute wollen meist rasch und ungestört selbst aussuchen und wären gar nicht begeistert, wenn «Tante Emma» ihnen beim Einkauf gleichsam in den Kochtopf sehen könnte, und ihre Neugierde würde sie obendrein «nerven». Warum? War früher der Gemischtwarenladen – neben der Zeitung, die aber nicht jedermann hielt oder gut lesen konnte – die einzige Informationsquelle im Stadtquartier oder im Dorf, an der fast alle Bewohner ein Interesse hatten, so gibt es heute so viele andere Informationsträger, Tages- und Wochenzeitungen, Stadtteil- und Landkreiszeitungen, Zeitschriften, Rundfunk und Fernsehen mit ihren Regionalprogrammen und schließlich auch das Telefon, über das man bei Freunden erfragen kann, was man tatsächlich wissen möchte.

Könnten aber nicht doch vielleicht einige der älteren Läden überleben? Ganz gewiß wäre das der Fall bei jenen, in denen die Produkte auch weiterhin über den Ladentisch gereicht werden müssen, wie beispielsweise beim Apotheker, beim Bäcker, beim Schlachter, auch beim Käsehändler, wenn man Produkte des gehobenen Bedarfs im Angebot erwarten kann, denn ein normales Sortiment an Brot, Fleisch und Käse hält auch der Supermarkt abgepackt oder sogar lose am Spezialstand bereit. Damit die kleinen Läden weiter existieren können, müssen also kritische, sehr anspruchsvolle Kunden in hinreichender Zahl vorhanden sein und mit Waren höchster Qualität zu höchsten Preisen befriedigt werden können, Preisen, die sie auch akzeptieren. Das gilt entsprechend für den Feinkosthändler und den Fischhändler, desgleichen für den Obst- und Gemüse- sowie für den Blumenhändler. Und welche Kundschaft ließe sich nicht gern in der Parfümerie bedienen, wenn sie denn mehr zu bieten hat als der Drogerie-Discounter, welche Damen suchten nicht gern Fachgeschäfte für Hüte, Handschuhe, elegante Schuhe oder für Kurzwaren und Bijouterien des gehobenen Bedarfs auf? Wer kaufte nicht gern in einer wohlsortierten Tee-, einer Gewürz- oder Weinhandlung mit altehrwürdiger Verkaufsatmosphäre ein, wer ließe sich nicht gern in einem Café oder in einer Gastwirtschaft mit alter Einrichtungstradition nieder?

In all diesen Fällen kann eine überkommene alte Einrichtung also sogar hilfreich sein. Wenn sie sinnvoll weitergenutzt, möglicherweise erweitert und den neuesten Hygienevorschriften und Sicherheitsbestimmungen entsprechend ergänzt werden kann, läßt sie sich gleichsam zu Reklamezwecken einsetzen, bildet eine Art Markenzeichen. Das ist bei einigen der von Max Galli fotografierten Läden der Fall, und man kann nur hoffen, daß dieses alte Ambiente gepflegt wird.

Doch nur mit dem guten Willen zur Pflege ist es meist nicht getan. Nur zu oft wäre die Überlebensfähigkeit aufgrund des Sortiments und der potentiellen Kunden zwar gegeben, doch wachsen in den Stadtzentren die Mieten vielfach in solch astronomische Höhen, daß der Umsatz auf kleiner Fläche trotz allen Engagements und trotz hohen Preisniveaus nicht ausreicht. Nur der hinreichend große Absatz von Produkten mit genügend hohen Stückkosten sichert das Überleben. Selbst der Bäcker mit dem vielfältigsten Angebot vorzüglichster Brotsorten, der in der Innenstadt gewiß großen Zulauf gerade auch von berufstätigen Kunden hätte, würde als traditioneller «Einzelkämpfer» auf die Dauer nicht bestehen können – nur das größere Filialunternehmen kann die Existenz möglicherweise sichern. Dasselbe gilt für die meisten anderen Geschäfte der Lebensmittelbranche. Und selbst wenn das Gebäude im Besitz des Einzelhändlers wäre: Wer würde langfristig eines umsatzschwachen eigenen Geschäfts wegen auf die Möglichkeit weitaus höherer Mieteinnahmen verzichten, die er bei Aufgabe des Geschäfts und Abgabe der Räume an einen potenteren Mieter erzielen könnte? Überleben könnten also diese Geschäfte nur in Stadtteilen mit ausreichend wohlhabender Wohnbevölkerung und halbwegs erschwinglichen Mieten. Ähnliches gilt auf dem Lande.

Die Sensibilität der Kundschaft für diese Läden ist zwar gewachsen, doch ist es oft schon zu spät; frühere Modernisierungen haben die alte Einrichtung meist beseitigt, die man inzwischen zurückwünscht und nur durch Einzelstücke vom Trödel- oder Antikhandel ersetzen könnte. Denn gutgehende Geschäfte haben immer modernisiert, da ein altes Outfit den Kunden leicht auf ein antiquiertes Warenangebot schließen läßt. Nur in wenigen Verkaufssparten gilt das Gegenteil: Die altehrwürdige Ausstattung einer Apotheke zum Beispiel kann Vertrauen stiften, indem sie eine lange, von Moden unabhängige erfolgreiche Tradition signalisiert. Mit altem Mobiliar haben somit meistens nur jene Geschäfte überdauert, die zumindest in gewissen Zeiten ihrer Existenz nicht sehr erfolgreich waren und somit dem Modernisierungsdruck nicht nachgeben konnten. Sie haben es heute besonders schwer.

Den Sinn der Kunden für eine gewisse nostalgische Einkaufsatmosphäre macht sich aber auch die stärkere Konkurrenz des alten Ladens zunutze: Boutiquen etwa richten sich in altenglischem Ladenstil ein, Warenhäuser dekorieren ihre Feinkost- und Shop-in-Shop-Abteilungen in Anlehnung an spätes Biedermeier, Historismus, Jugendstil oder Art déco in erstaunlich guter handwerklicher Qualität, um den Kunden mit nostalgischem Ambiente einzufangen, ohne daß er auf hinreichenden Platz und allen anderen Komfort verzichten muß. Der Besitzer eines alten Ladens mit originaler Einrichtung müßte somit, wenn seine Verkaufsware das Überleben verspricht, schon sehr gezielt mit dieser Originalität werben und möglichst viel von seiner Substanz unverändert bewahren, gleichzeitig aber den Laden allen heutigen Erfordernissen entsprechend herrichten: auf der verfügbaren Grundfläche vielfach ein Vorhaben, das der Quadratur des Kreises gleicht.

In den Städten und Dörfern der ehemaligen DDR sind unveränderte Läden gegenwärtig noch häufiger anzutreffen als in den sogenannten alten Ländern der Bundesrepublik. Doch sie sind inzwischen demselben Modernisierungszwang ausgesetzt: Wenn sich bei alter Einrichtung die Einhaltung aller Hygienevorschriften und eine moderne Technik nicht verwirklichen lassen und eine Umstellung auf Waren der Luxuskategorie nicht möglich ist, wird der völlige Umbau nicht zu vermeiden sein. Als Alternative bleibt nur die umgehende Geschäftsaufgabe, soll nicht erst der Konkursverwalter dem Unternehmen ein unrühmliches Ende setzen.

Dasselbe gilt im übrigen für das verkaufende Handwerk und für Dienstleistungsbetriebe. Moderne Arbeitsschutz- und Hygienevorschriften machen es auch hier schwer, alte Läden unverändert weiter zu betreiben, abgesehen davon, daß der Kunde hier ebenfalls ein Ambiente von Altertümlichkeit im allgemeinen nicht sonderlich schätzt – es sei denn, dieses suggerierte ausgesprochenen Luxus, wie es vielleicht in einem Hutmachersalon oder einer teuren Parfümerie möglich wäre. Der Friseur, besser Hairstylist, im technisch umgerüsteten, doch sonst wenig verfälschten Historismus- oder Jugendstil-Luxus-Salon mitten im Stadtzentrum, wenn er denn zugleich auch noch einen guten Ruf als Modefriseur genösse, könnte wohl gut überdauern; solche Salons existieren jedoch nicht mehr, nicht einmal ein gut erhaltener großer Salon im Stromlinienstil der 50er Jahre unseres Jahrhunderts läßt sich noch finden. Der Herrenfriseur mit einst zweckmäßiger, aber relativ bescheidener alter Einrichtung auf kleinstem Raum in einem beliebigen Stadtteil wird es kaum schaffen. Zu aufwendig wäre das Umrüsten und Restaurieren seines Mobiliars, und für die Erweiterung um einen Damensalon, der ein größeres Einkommen sicherte, dürfte meist der Platz fehlen. So wird man von dem unmodernen Laden auf einen unmodernen Haarschnitt schließen, und nur die alte Kundschaft weiß, was sie an ihrem Friseur hat.

Bleibt somit allein der Museumsladen? In der Tat werden inzwischen in etlichen Museen alte Läden, Gemischtwarenläden – werbeträchtig auch als «Tante-Emma-Laden» apostrophiert –, Apotheken, Drogerien, Kaffee- und Tabakläden, auch Optiker-, Gold- und Silberschmiedeläden bewahrt und ausgestellt. Im kleinen zeigen auch Puppenläden in Museen, wie sich der Einzelhandel früher vollzog; meist kann mit ihnen auf kleinstem Raum das Spektrum alter Einzelhandelsformen sogar breiter vorgeführt werden: Zu den bereits genannten Sparten kommen Tuchläden, Wäscheläden, Hutläden, Töpferläden, Korbmacherläden, Konditoreien, Schlachtereien und Würstchenbuden etc.

Aber das wirkliche Leben ist aus diesen Museumsgeschäften entwichen. Die ausgestellten Originale sind bis auf wenige Ausnahmen fast immer rekonstruiert und restauriert auf die Entstehungszeit der überlieferten Einrichtungsteile, und das ausgestellte Warenangebot ist ebenfalls unter oft großen Mühen gewissenhaft auf diese Zeit zurückgeführt. Doch tatsächlich haben solche Verhältnissse jeweils nur kürzeste Zeit bestanden. Sogleich nach Eröffnung eines Geschäfts mit neuer Einrichtung ist die Zeit vorangeschritten, sind neue Produkte auf den Markt gekommen, neue Vorschriften erlassen worden, wurden neue Heizungs- und Beleuchtungsmöglichkeiten erdacht, wurden Ergänzungen und Umbauten nötig. Und gerade dieses Nebeneinander, dieses Gleichzeitige des Ungleichzeitigen, macht die alten Läden so faszinierend. Nicht etwa die gelegentlich verräucherten Wände und Decken, der abfallende Putz und der schadhafte Fußboden bestechen, im Gegenteil, sie wirken in ihrer Schäbigkeit eher abstoßend und deprimierend; anziehend ist vielmehr die heutige Warenwelt in ihrer den ganzen Laden überziehenden, überquellenden Fülle, zusammen mit den stehengelassenen, gleichsam vergessenen Produkten der vorangegangenen Jahrzehnte; es sind die modernen Verpackungen und Werbeträger, zusammen mit den alten Dosen, Schachteln, Reklametafeln, die heutigen Möblierungselemente, Leuchten, Stühle, Aufsatzschränkchen und Glasvitrinen, zusammen mit den Resten der Erstausstattung. Sie eröffnen eine historische Dimension, die ganz unmerklich in die Vergangenheit zurückweist, und machen damit diese Läden für den Betrachter so anziehend, bedeuten für den Besitzer jedoch meist Qualen. Dabei kann relativ stilrein erhaltene, einst noble Historismus-, Jugendstil- oder Art-déco-Einrichtung beglücken, doch anrührend ist die ganz schlichte, unaufwendige Dorftischlerarbeit in eben diesem heutigen lebendigen Zusammenhang genauso. Max Galli hat beides mit der Kamera eingefangen, und man erkennt: Es ist nicht eine «alte Warenwelt», es ist die von heute in einem allerdings mit den heute üblichen Verkaufsmethoden nicht mehr übereinstimmenden Umfeld. In Gallis Bildern werden diese Läden alle überdauern, in der Realität jedoch wird man die wenigsten von ihnen auch in einigen Jahren noch finden.

Beall, Karen F.: Kaufrufe und Straßenhändler (Cries and Itinerant Trades). Hamburg 1975
Bohner, Theodor: Der offene Laden. Aus der Chronik des Einzelhandels. Frankfurt/Main o. J. (um 1953)
Evans, Richard J.: Tod in Hamburg. Stadt, Gesellschaft und Politik in den Cholera-Jahren 1830–1910. Reinbek 1990
Favier, Jean: Gold und Gewürze. Der Aufstieg des Kaufmanns im Mittelalter. Hamburg 1992
Fiege, Hartwig: Der allerhöchste privilegierte Kramladen in Bergstedt. Jahrbuch des Alstervereins 1991, S. 5–12
Galli, Max, und Schönfeld, Sybil Gräfin: Schöne alte Läden. Freiburg, Basel, Wien 1989
Hinrichsen, Torkild: Dufke-Laden. Ein ländliches Gemischtwarengeschäft aus Altenwerder (Sammlung des Altonaer Museums in Hamburg, H. 14). Hamburg 1991
Kallinich, Günter: Schöne alte Apotheken (Kulturgeschichte in Einzeldarstellungen). München 1975
Massin: Händlerrufe aus europäischen Städten. Frankfurt/Main, Wien, Zürich 1978
Metscher, Klaus, und Fellmann, Walter: Lipsia und Merkur. Leipzig und seine Messen. Leipzig 1990
Molsen, Käthe: Vom Krämerladen zum Supermarkt. Die Entwicklung eines Familienbetriebes. 75 Jahre Johs. Schmidt 1887–1962. Hamburg 1962
Rien, Mark W., und Dorén, Gustav Nils: Das neue Tabago Buch. Ein Buch vom Tabak und der Kulturgeschichte des Rauchens. Hamburg 1985

Sawatzki, Dieter, und Gerlach, Siegfried: Grand Magasins. Die Wiedergeburt des Warenhauses im Paris des 19. Jahrhunderts (Die bibliophilen Taschenbücher, Nr. 559). Dortmund 1989

Sédillot, René: Vom Tauschhandel zum Supermarkt. Die Story der Händler und Märkte. Stuttgart 1966

Spiegel, Beate: Markt und Handel im Stadtmuseum Deggendorf. Begleitheft zur Dauerausstellung. Mit einem Beitrag von Erich Kandler (Kataloge des Stadtmuseums Deggendorf, Nr. 4). Deggendorf 1987

Strohmeyer, Klaus: Warenhäuser. Geschichte, Blüte und Untergang im Warenmeer (Wagenbachs Taschenbücherei 70). Berlin 1980

Steinhausen, Georg: Der Kaufmann in der deutschen Vergangenheit (Monographien zur deutschen Kulturgeschichte, Bd. 2). Leipzig 1899

Wilckens, Leonie v.: Das Puppenhaus. Vom Spiegelbild des bürgerlichen Hausstandes zum Spielzeug für Kinder (Kulturgeschichte in Einzeldarstellungen). München 1978

Wirtschaftsgeschichten und Handbücher wurden bei dieser Auswahlbibliographie nicht berücksichtigt.

ABBILDUNGSVERZEICHNIS

Die Aufnahmen von Max Galli entstanden in den Jahren 1984–1991. Inzwischen haben einige der hier abgebildeten Läden schließen müssen (sie sind in der folgenden Liste mit einem * gekennzeichnet), andere sind von der Schließung bedroht. Autor und Verlag können daher keine Gewähr dafür übernehmen, daß die Geschäfte bei Drucklegung noch am angegebenen Ort und/oder in der gezeigten Form existieren.

Wien

Eisenwaren Horst Zoufal
Wiedner Hauptstraße 98   Seite 98/99

Fotohandlung Kopp-Drogerie
Johann Hutterer
Koppstraße 26   Seite 16/17, 50/51, 64/65, 82/83

Glaserei Karl Kirschenhofer
Ottakringerstraße 107   Seite 78/79

Handschuhe und Lederbekleidung
Gottfried Augustin
Hofferplatz 6   Seite 74/75

Herren- und Damenwäsche, Kurz- und Wirkwaren
Herma Matiegowski
Degengasse 49   Seite 96/97

Puppenklinik Adolf Chmelik
Kalvarienberggasse 18   Seite 106/107

«Zum alten Knopfkönig» Alois Frimmel
Freisingergasse 1   Seite 110/111

Zürich

Kaffee und Kolonialwaren
Heinrich Schwarzenbach
Münstergasse 19   Seite 44/45

DIE AUTOREN

Max Galli wurde 1952 in Freiburg im Breisgau geboren und besuchte nach einer Fotografenlehre die Bundesfachschule für Fotografie in Hamburg. Seit 1981 arbeitet er als freier Fotograf. Galli hat bereits zahlreiche Fotoreportagen, Bildbände und Kalender veröffentlicht; in der Reihe «Die bibliophilen Taschenbücher» erschien 1991 als Originalausgabe sein Buch «Lofoten – 69 Bilder zwischen Tag und Nacht» (Band 614).

Gerhard Kaufmann ist seit 1978 Direktor des Altonaer Museums in Hamburg – Norddeutsches Landesmuseum.
Er studierte Geographie, Mathematik, Kunstgeschichte, Volkskunde, Philosophie und Pädagogik an den Universitäten Kiel und Freiburg/Breisgau und war lange Jahre am Altonaer Museum Leiter der Abteilung Allgemeine Kulturgeschichte.
Das Thema «Läden» im Zusammenhang mit dem Thema «Versorgung der Bevölkerung auf dem Lande» beschäftigte ihn schon in seiner Dissertation; im Altonaer Museum hat er sich damit sowohl beim Umgang mit Puppenläden als auch beim Einbau eines originalen ländlichen Gemischtwarenladens im Museum befaßt.
Prof. Kaufmann hat bereits mehrere Bände in der Reihe «Die bibliophilen Taschenbücher» herausgegeben, stets zusammen mit dem Fotografen Robert Lebeck. Lieferbar sind «Liebig's Sammelkarten» (Band 148), «Jugendstil-Postkarten II» (Band 183) und «Viele Grüße . . . Eine Kulturgeschichte der Postkarte» (Band 458).